极地气候变化年报

（2022年）

主　编　丁明虎
副主编　张东启

内容简介

本书依据我国的长城站、中山站、泰山站等极地考察站的观测资料及风云卫星的遥感数据和来自世界气象组织下属相关专业机构、国内外政府部门及研究机构的数据集和再分析资料，选取较完整长序列整编资料进行统计分析，提供极地地区气温、极端天气气候事件、海冰、温室气体、臭氧总量等多方面的极地长期变化评估和最新观测结果分析，科学客观地反映了极地气候变化的基本事实、基本变化特征和导致极端天气事件的气候因子。本书可为社会公众和从事极地科学研究的专业研究人员提供基础性资料，也可为国家制定相关极地政策和参与全球极地治理等提供科学依据。

图书在版编目（CIP）数据

极地气候变化年报. 2022年 / 丁明虎主编；张东启副主编. -- 北京：气象出版社，2023.11
ISBN 978-7-5029-8119-8

Ⅰ. ①极… Ⅱ. ①丁… ②张… Ⅲ. ①极地区－气候变化－2022－年报 Ⅳ. ①P468.166-54

中国国家版本馆CIP数据核字(2023)第251880号

极地气候变化年报（2022年）
Jidi Qihou Bianhua Nianbao (2022 Nian)

出版发行：气象出版社	
地　　址：北京市海淀区中关村南大街46号	邮政编码：100081
电　　话：010-68407112（总编室）　010-68408042（发行部）	
网　　址：http://www.qxcbs.com	E-mail：qxcbs@cma.gov.cn
责任编辑：蔺学东	终　　审：张　斌
责任校对：张硕杰	责任技编：赵相宁
封面设计：楠竹文化	
印　　刷：北京建宏印刷有限公司	
开　　本：787 mm×1092 mm　1/16	印　　张：2.75
字　　数：70千字	
版　　次：2023年11月第1版	印　　次：2023年11月第1次印刷
定　　价：50.00元	

本书如存在文字不清、漏印以及缺页、倒页、脱页等，请与本社发行部联系调换。

《极地气候变化年报（2022年）》编写委员会

主　　编　丁明虎

副 主 编　张东启

编写专家（以姓氏笔画为序）

　　　　　　卞林根　王　赛　朱孔驹　张文千

　　　　　　张　雷　林　祥　郑向东　郑照军

　　　　　　赵守栋　姜智娜　翟晓春　魏　婷

主编单位　中国气象科学研究院

参编单位　国家卫星气象中心

中国气象科学研究院基本科研业务费专项

《极地大气科学野外观测基地》（2021Z006）

国家自然科学基金

优秀青年科学基金项目（42122047）

中国气象局综合观测业务经费 气象探测费

联合资助

前 言

世界气象组织（WMO）发布的《2022年全球气候状况报告》指出，过去10年（2013—2022年）全球地表平均温度较工业化前水平（1850—1900年平均值）高出1.14℃，2022年全球平均气温较工业化前水平高出约1.15℃。极地地区作为气候变化的"稳定器"和"放大器"，近几十年来正经历着显著的气候变化，并深刻影响到全球大气圈、冰冻圈、生物圈、水圈和人类生活的方方面面，引起科学界、政府和社会公众的极大关注。国际社会日益重视全球变化背景下极地面临的挑战，意识到采取共同应对措施减小和防范极地气候风险的重要性和紧迫性。习近平总书记在《共同构建人类命运共同体》的主旨演讲中也指出："要秉持和平、主权、普惠、共治原则，把深海、极地、外空、互联网等领域打造成各方合作的新疆域……"。

近几年，南北极多次发生异常天气气候事件，并对当地和全球生态产生了重大影响。为使公众更好地认识极地气候变化规律，科学应对气候变化，中国气象局组织编写了《极地气候变化年报（2022年）》，提供气温、极端天气气候事件、海冰、温室气体、臭氧总量等多方面的极地长期变化评估和最新观测结果，以期科学客观地反映极地气候变化的基本事实。

《极地气候变化年报（2022年）》是在中国气象局科技与气候变化司的指导和气候变化专项经费的支持下，由中国气象科学研究院和国家卫星气象中心的科技工作者编写完成。使用的数据包括我国的长城站、中山站、泰山站等极地考察站的观测资料及风云卫星的遥感数据，其他数据来自世界气象组织下属相关专业机构，如世界温室气体数据中心、全球历史气候学网络和全球地面逐日气象资料、美国国家雪冰数据中心、中国全球大气再分析数据、英国南极调查局南极环境研究参考数据集等。

国家气候中心、中国气象局气象探测中心、中国科学院大气物理研究所、中国科学院空天信息创新研究院、北京应用气象研究所、兰州大学、国家海洋环境预报中心等单位的专家也对该年报提出了宝贵意见，在此一并向所有数据提供者和相关单位专家的支持表示诚挚的感谢！

编 者

2023 年 7 月

摘 要

本年度报告利用多种气候资料分析表明，在全球变暖背景下，南极西南极部分气温自20世纪中叶起呈现快速增温趋势：位于西南极地区的法拉第站、南奥克尼群岛和玛丽伯德地增温速率分别达0.45℃/10年（1946—2022年）、0.20℃/10年（1904—2022年）和0.22℃/10年（1957—2022年）。北极在最近40多年来增温加速，其整体气温在1979—2022年期间升温速率达0.63℃/10年，是同期全球升温速率（0.17℃/10年）的3.7倍。与常年（1991—2020年平均值）相比，2022年东南极、南极半岛及其周边海域出现较强暖异常，而罗斯海地区则出现冷异常，这导致该年南极整体温度变化不大，比常年值略微偏低0.05℃。2022年，北极整体平均气温较常年偏高1.10℃；其中增温幅度最大的地区位于巴伦支—喀拉海，增温幅度达2℃以上。

南北两极极端天气事件呈频发、强发趋势。2022年3月，南极发生有气象记录以来最强的暴发性增温事件，冰盖中心区康科迪亚站、东方站和昆仑站在3月18日平均地表气温相比其多年平均值分别高出44.5℃、39.0℃和26.2℃，其增温幅度和地表气温异常均创南极有观测以来的最高纪录。2022年7月，北极地区出现了罕见的高温天气，温度一度升至32.5℃，异常高温天气加速了格陵兰冰盖融化。

风云三号极轨系列气象卫星资料显示，2012年至2022年间，南极2月和9月的月平均海冰范围分别为369万km^{2}和1894万km^2。2022年南极最大/最小海冰范围较常年平均偏小23.84%和2.96%，其中最小范围（192万km^2）创1979年以来最低纪录。海冰密集度减小区域以威德尔海冰架西北部最为明显，减小了25%～75%；罗斯海西部及玛丽伯德地沿岸、南磁极海岸往东北威尔克斯地东南沿岸、北部毛德皇后地沿岸的海冰密集度减小了20%～50%。2022年北极海冰同样总体偏少，夏秋季最小范围为467万km^2，比历史最低值的2007年海冰范围略大，冬春季与2007年海冰范围相当。2022年夏季北极海冰密集度减小区域主要发生在波弗特海、楚科奇海、东西伯利亚海、拉普捷夫海和喀拉海。

从1984年到2021年，南极地区大气中温室气体浓度均呈稳定上升的趋势，与全球变化趋势基本一致。其中，2021年二氧化碳年平均浓度为412.01 ppm[①]，甲烷年平均浓度为1839.28 ppb[②]，氧化亚氮年平均浓度为333.27 ppb，相比于2020年，浓度都有所升高。2021年南极六氟化硫年平均浓度为10.40 ppt[③]，较2020年平均浓度上升0.36 ppt，达到历年最大升高幅度。1984—2021年北极地区大气温室气体浓度逐年稳定上升。其中，2021年北极大气二氧化碳年平均浓度为417.78 ppm，甲烷年平均浓度为1988.36 ppb。氧化亚氮年平均浓度为334.75 ppb，六氟化硫年平均浓度为10.86 ppt，相对于2020年平均浓度明显升高。

2022年南极臭氧洞面积比去年略小，总体上延续了近年来的整体缩减趋势。2022年臭氧洞结束时间比过去40年中的大多数时间都要晚，是1979年以来第十二大的臭氧洞。2020年春天，北极大部分地区臭氧柱总量达到了创纪录的低值。2022年12月底到2023年3月，北极平均臭氧总量相较于历史水平异常偏高，这与2021—2022年的情况相反。

---

① ppm：干空气中每百万（10^6）个气体分子所含的该种气体分子数（下同），1 ppm=10^{-6}。
② ppb：干空气中每十亿（10^9）个气体分子所含的该种气体分子数（下同），1 ppb=10^{-9}。
③ ppt：干空气中每万亿（10^{12}）个气体分子所含的该种气体分子数（下同），1 ppt=10^{-12}。

目 录

前 言
摘 要

第1章　气温与气压 …………………………………………………… 01
1.1　南极气温变化 ………………………………………………… 01
1.2　北极气温变化 ………………………………………………… 05
1.3　南极涛动和北极涛动 ………………………………………… 08
1.4　极端天气事件 ………………………………………………… 10
1.4.1　南　极 …………………………………………………… 10
1.4.2　北　极 …………………………………………………… 11

第2章　海　冰 ………………………………………………………… 13
2.1　南　极 ………………………………………………………… 13
2.2　北　极 ………………………………………………………… 18
2.3　海冰的极端变化事件 ………………………………………… 19
2.3.1　南　极 …………………………………………………… 19
2.3.2　北　极 …………………………………………………… 21

第3章　大气成分 ……………………………………………………… 22
3.1　主要温室气体 ………………………………………………… 22
3.1.1　二氧化碳和甲烷 ………………………………………… 22

3.1.2　氧化亚氮和六氟化硫 …………………………………………… 25

3.2　臭氧总量 …………………………………………………………… 27

3.2.1　南　极 ………………………………………………………… 28

3.2.2　北　极 ………………………………………………………… 29

主要数据来源 …………………………………………………………… 31

第1章 气温与气压

1.1 南极气温变化

本节采用南极各站点气象观测数据和中国第一代全球大气再分析40年产品（CRA-40）对2022年南极气温变化进行分析。长城站和中山站气温数据来自中国气象科学研究院，其余站点数据来自英国南极调查局整编的南极环境研究参考数据集（Met-READER），数据均经过质量控制。观测数据分析结果表明，2022年南极年均气温为 −12.1℃，较常年（1991—2020年平均值）偏高1.0℃（图1.1）。其中南半球夏季（12月—翌年2月）、秋季（3—5月）、冬季（6—8月）和春季（9—11月）平均气温分别为 −4.2℃、−14.0℃、−17.4℃和 −12.7℃，四个季节较常年均偏高，分别偏高0.3℃，0.9℃，2.1℃以及0.9℃。CRA-40气温数据分析结果表明，2022年南极近地面平均气温比常年值略微偏低0.05℃，这与上述结果并不相悖，因为南极观测站点位于南极陆地，而基于再分析数据的结果包括南极周边海洋气温的贡献。较常年相比，2022年的南极气温在夏季和秋季出现暖异常，增温幅度分别为0.48℃和0.78℃，而在冬季和春季出现冷异常，降温幅度分别为0.56℃和0.69℃。观测数据与再分析数据均表明，2022年南极陆地大部分地区均偏暖，且增温幅度最大地区位于南极半岛。冬季，除东南极的乔治五世地和威尔克斯地沿岸外，南极各地区均偏暖。南极半岛是冬季偏暖幅度最大的地区，冬季平均气温为 −8.2℃，较常年偏高3.5℃；维多利亚地是冬季偏暖幅度次大的地区，冬季平

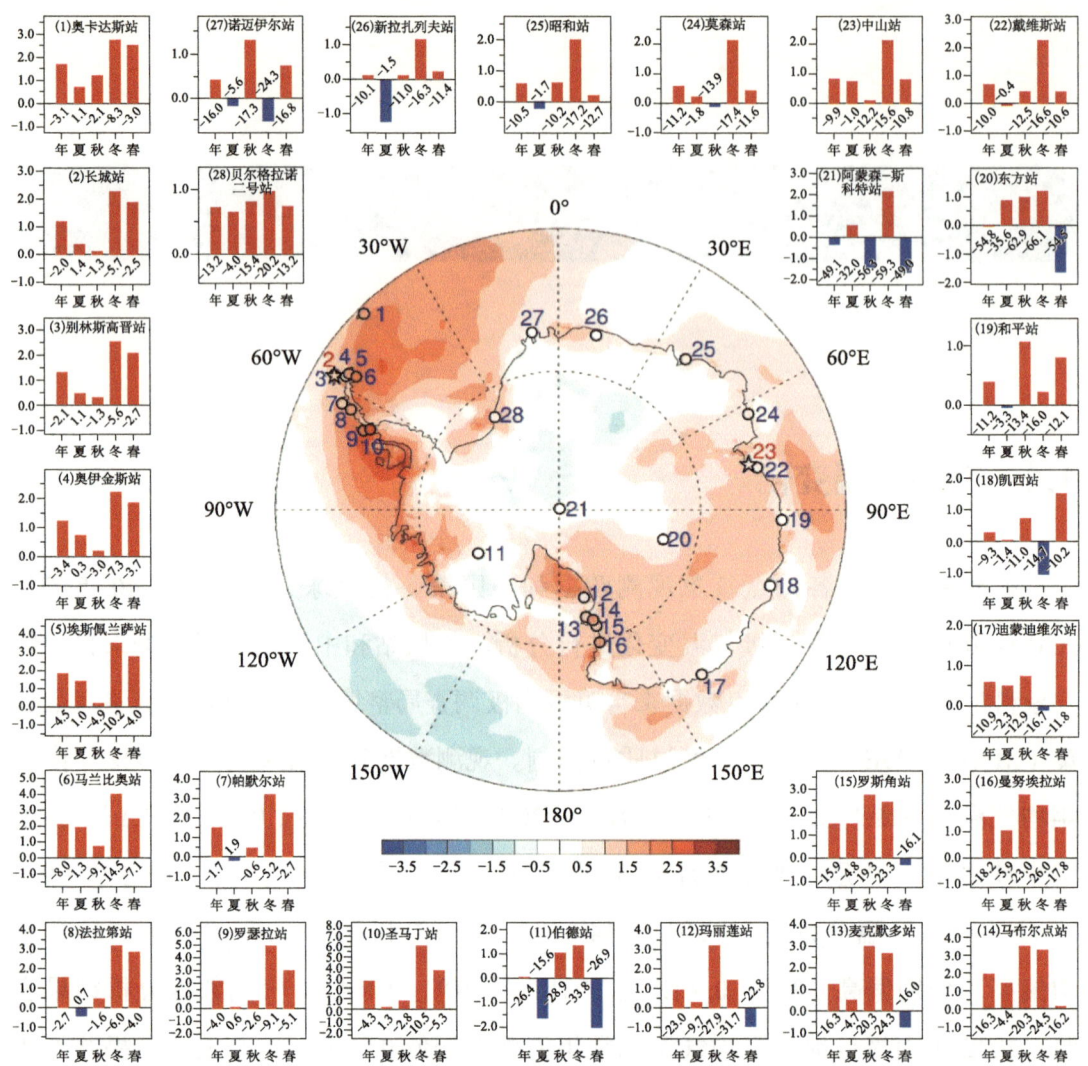

图 1.1　2022 年南极年平均气温距平分布图（空间分布图）及各站点年平均和季节平均气温距平图
（柱状图）（相对于 1991—2020 年平均值）。阴影为 CRA-40 再分析数据，圆点为站点数据；
柱状图 0 线处数字为 1991—2020 年平均值（单位：℃）

均气温为 −26.0℃，偏高 2.4℃。圣马丁站和帕默尔站冬季气温为历史最高；长城站、别林斯高晋站、法拉第站、罗瑟拉站和马布尔点站冬季气温为历史次高；奥伊金斯站、埃斯佩兰萨站和马兰比奥站、罗斯角站和曼努埃拉站冬季气温为历史第三高。其中圣马丁站气温较气候平均偏高达 6.1℃，是全南极地区 2022 年冬季气温偏高幅度最大的观测站。2022年春季，南极偏暖主要发生在南极半岛地区，平均气温为 −4.1℃，比常年偏高 2.5℃。长城站、别林斯高晋站和法拉第站春季气温为历史最高；罗瑟拉站和圣马丁站春季气温为历史次高；奥卡达斯站春季气温为历史第三高。2022年秋季，南极偏暖主要发生维多利亚地，平均气温为 −22.4℃，其偏暖幅度达 3.0℃。玛丽莲站、马布尔点站、罗斯角站和曼努埃拉站秋季气温为历史次高；麦克默多站秋季气温为历史第三高。再分析数据显示，南极罗斯海地区出现较强的降温异常，抵消了南极陆地的异常增温，导致南极整体气温变化不大。

图1.2用CRA-40再分析资料比较了1979—2022年南极和全球的年平均气温变化特征。全球气温在1979—2022年总体呈明显上升趋势，升温速率为 0.17℃/10a，而南极整体气温在1979—2022年气温变化不明显，温度趋势仅为 −0.10℃/10a，更多的是呈现年际变化（图1.2）。此外，在不同季节，南极气温趋势变化呈现不同的特征：南极整体气温在南半球夏季呈显著的上升趋势，增温幅度为 0.15℃/10a；而在秋季、冬季和春季呈现下降趋势，降温幅度分别为 0.09℃/10a，0.37℃/10a 和 0.06℃/10a，然而只有在冬季时期的降温趋势是显著的。

分区域来看，南极气温增暖主要发生在西南极地区，其中南极半岛是全球气温增暖最为剧烈的地区之一。位于南极半岛的法拉第站以 0.45℃/10a 的速度升高（1946—2022年，图1.3a红线）。南奥克尼群岛、玛丽伯德地、维多利亚地、科茨地和南极冰穹地区年平均气温也存在升高趋势，但增暖速度较缓，分别为 0.20℃/10a（1904—2022年，图1.3a黑线）、0.22℃/10a（1957—2022年，图1.3a蓝线）、0.28℃/10a（1957—2022年，图1.3b红线）、0.25℃/10a（1982—2022年，图1.3b蓝线）和 0.20℃/10a（1958—2022年，图1.3b黑线）。南极其余各地区的年平均气温无显著变化。

总体而言，即便在全球变暖背景下，2022年南极气温相较于气候平均变化不大。但这并不意味可以忽视南极地区的气候变化。事实上，南极部分地区对气候变化极为敏感，例如，西南极仍是南极主要增暖的地区，南极半岛仍以远超全球平

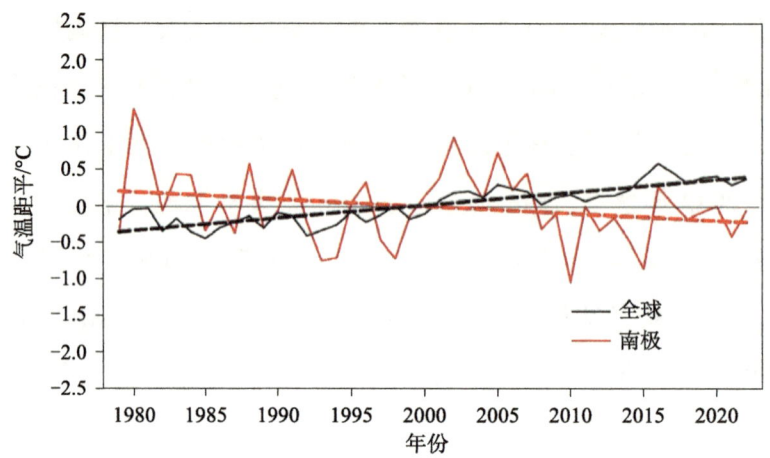

图1.2　1979—2022年南极（红线实线）和全球（黑线实线）平均近地面年平均气温距平
（相对于1991—2020年），虚线为年平均气温距平趋势

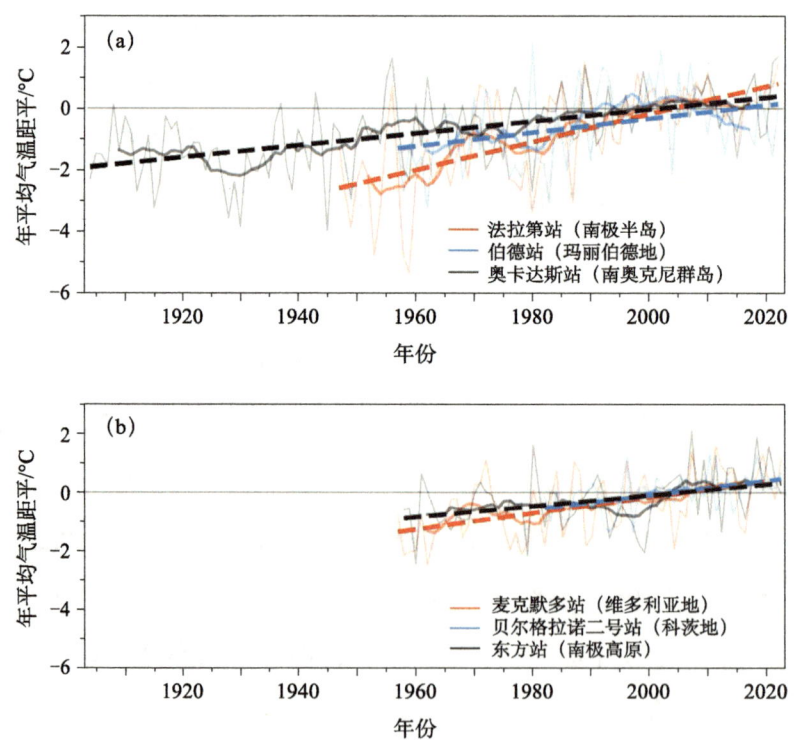

图1.3　西南极（a）和东南极（b）增暖地区各站点年平均气温距平时间序列图
（相对于1991—2020年平均值）。细实线为年平均气温距平，
粗实线为年平均气温距平的11年滑动平均值，虚线为年平均气温距平趋势

均的速度增暖。此外，东南极冰穹东方站近10年的异常偏暖使其表现出增暖趋势，值得我们进一步关注其未来变化。

1.2 北极气温变化

本小节采用来自全球历史气候学网络（GHCN-D）和全球地面逐日气象资料（GSOD）的北极站点数据和CRA-40再分析数据分析北极气温变化。如图1.4所示，2022年北极大部分站偏暖，年平均气温较常年平均值偏高0.5℃。与南极类似，北极地区的站点多位于陆地和北冰洋的岛屿。事实上，根据CRA-40再分析数据，北冰洋地区的增温远大于陆地地区（图1.4）。如包括北冰洋，北极近地面平均气温比多年平均值（1991—2020年平均值）偏高1.10℃，远大于基于站点数据计算的增温幅度。从季节分布来看，北极2022年的增暖幅度在秋、冬季节最强，异常值分别为1.37℃和1.2℃；春、夏季季节分别为0.91℃和0.40℃。

2022年北极地区增暖最为剧烈的地区位于巴伦支—喀拉海，增暖幅度达2℃以上。观测数据则表明，北极增温幅度最大地区位于斯瓦尔巴群岛，年平均气温为-2.6℃，较常年高1.5℃，而位于阿拉斯加的科策布站偏冷幅度最大，年平均气温为-5.0℃，较常年低0.7℃。2022年冬季（12月—翌年2月），位于太平洋扇区和大西洋扇区挪威海沿岸的站多偏冷，冬季平均气温偏低-2.0℃，其中科策布站偏冷幅度最大，冬季平均气温为-21.3℃，较常年低3.8℃；其他区域的站点多观测到暖异常，各站平均的冬季平均气温为-15.4℃，偏高1.2℃，其中格陵兰的图勒站偏暖幅度最大，冬季平均气温为-19.7℃，较常年高3.4℃。2022年北欧各站春夏季偏暖幅度普遍大于秋冬季，春季（3—5月）各站平均的平均气温为1.7℃，较常年高0.9℃；夏季（6—8月）各站平均的平均气温为13.0℃，偏高1.5℃；其中挪威霍伊布克特莫恩站夏季平均气温为13.5℃，较常年高2.8℃。2022年秋季，位于巴芬湾西岸和西伯利亚的站偏冷，秋季（9—11月）各站平均的平均气温为9.1℃，

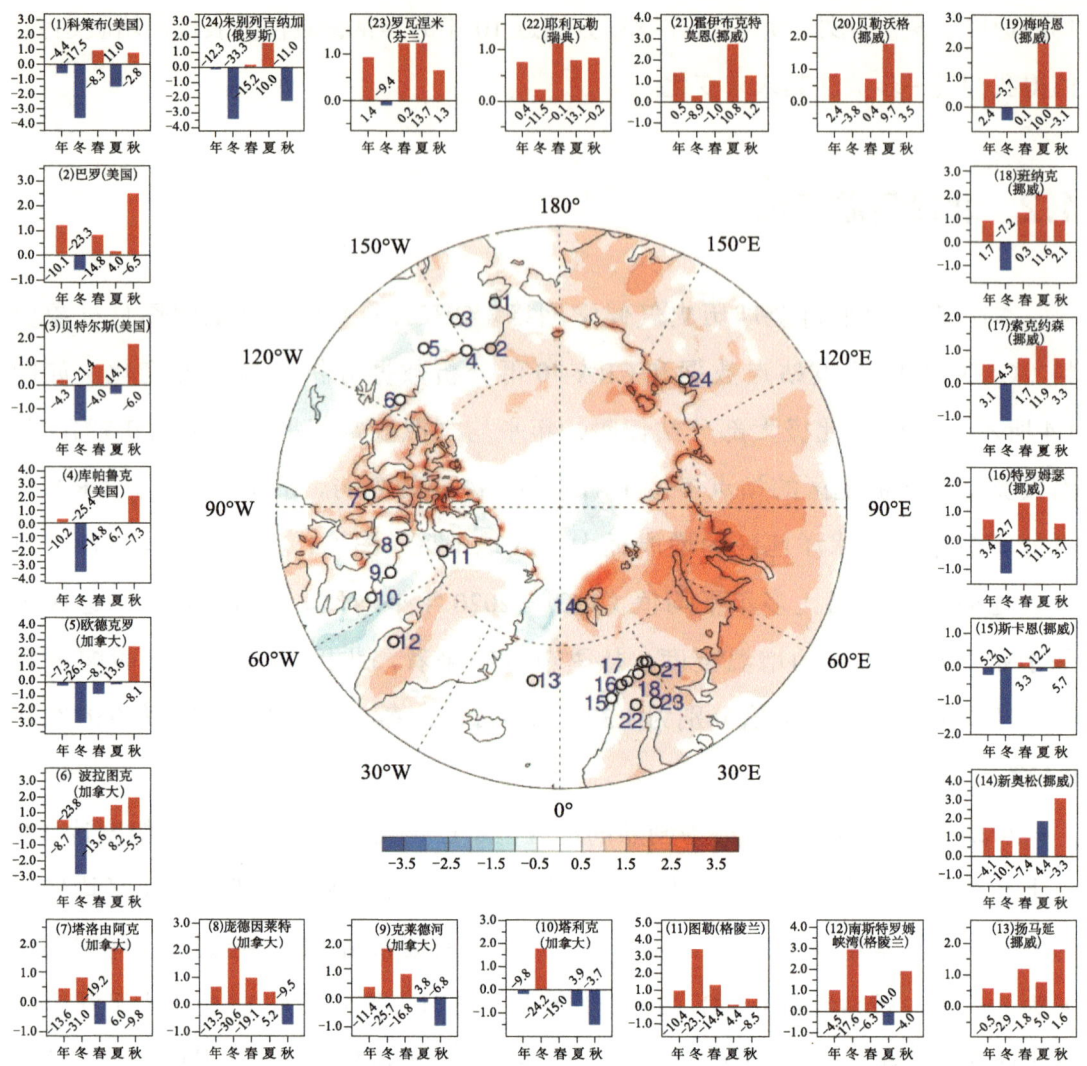

图 1.4　2022 年北极年平均气温距平分布图（空间分布图）及各站点年平均和季节平均气温距平图（柱状图）（相对于 1991—2020 年平均值）。阴影为 CRA-40 再分析数据，圆点为站点数据；柱状图 0 线处数字为 1991—2020 年平均值（单位：℃）

较常年低 1.4℃；其他区域的站点多观测到暖异常，秋季各站平均的平均气温为 -0.5℃，偏高 1.3℃，其中新奥松站偏暖幅度最大，秋季平均气温为 -0.3℃，较常年高 3.1℃。

基于 CRA-40 再分析数据，北极近地面年平均气温在 1979—2022 年期间呈现快速上升趋势（图 1.5），升温速率为 0.67℃/10a，是全球升温速率的 3.7 倍，表明北极对全球变暖的强敏感性。此外，北极快速增暖可见于不同季节，增温速率在秋、冬季节较强，分别为 0.88℃/10a 和 0.70℃/10a，而在夏季增温幅度最小，仅为 0.33℃/10a。

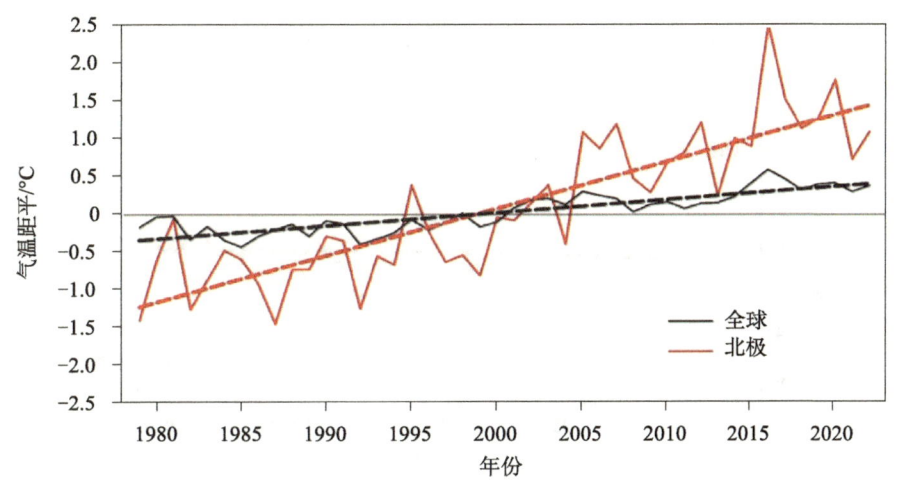

图 1.5　1979—2022 年北极（红线实线）和全球（黑线实线）平均近地面年平均气温距平（相对于 1991—2020 年），虚线为年平均气温距平趋势

近 40 年来，位于陆地的北极各站的年平均气温均呈快速上升趋势。而 1941—1980 年期间，陆地各站普遍呈微弱的降温趋势，其中阿拉斯加的巴罗站每 10 年降低 0.18℃，格陵兰的南斯特罗姆峡湾站每 10 年降低 0.11℃，斯堪的纳维亚半岛的特罗姆瑟站每 10 年降低 0.07℃，西伯利亚的朱别列吉纳加站每 10 年降低 0.18℃。1981—2000 年，北极开始出现快速变暖现象，其中南斯特罗姆峡湾站和巴罗站的增温速度最快，分别为每 10 年升高 1.40℃ 和 1.02℃；新奥松站、庞德因莱特站、特罗姆瑟站和朱别列吉纳加站的增温速度略低，每 10 年升高 0.38～0.66℃。2001 年后，巴罗站、新奥松站、庞德因莱特站和朱别列吉纳加站的变暖速度进一步加快，每 10 年升高 0.75℃ 以上；特罗姆瑟站和南斯特罗姆峡湾站的变暖速度略有降低，仅为每 10 年升高 0.11～0.13℃（图 1.6）。

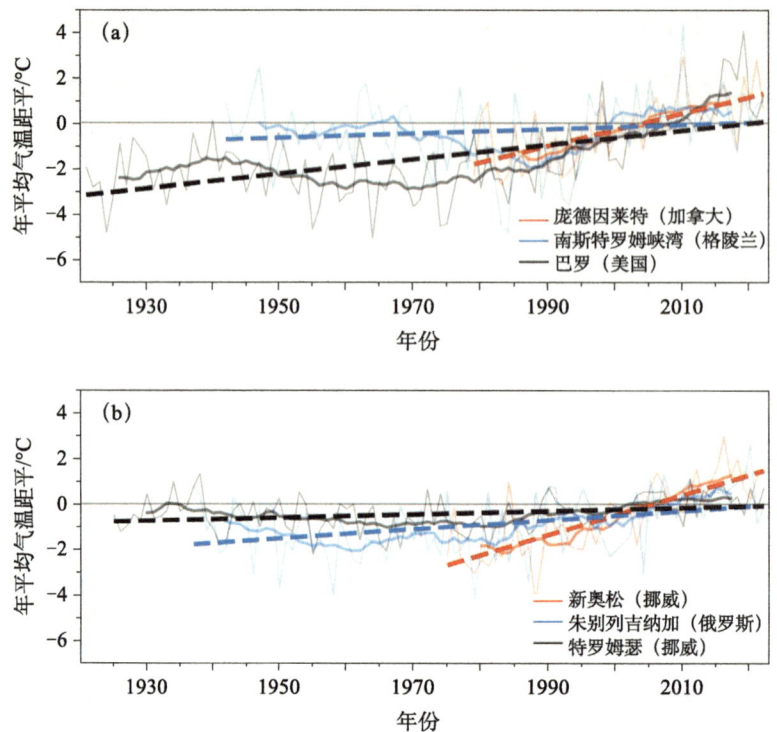

图1.6 北美大陆（a）和亚欧大陆（b）代表性站点年平均气温距平
（相对于1991—2020年平均值）时间序列图。细实线为年平均气温距平，
粗实线为年平均气温距平11年滑动平均，虚线为年平均气温距平趋势

1.3 南极涛动和北极涛动

　　南极/北极和各自半球中纬度地区之间的气压场存在"跷跷板"式的反向变化现象，称之为南极涛动/北极涛动。该现象是南极/北极地区大气环流特征的重要气候指标，通常正（负）位相时对应南极/北极地区低压偏强（偏弱）和绕极西风偏强（偏弱）。作为最重要的大尺度大气环流现象之一，南极涛动/北极涛动对极地和全球气候有着关键性影响。

　　本小节采用国家气象信息中心发布的第一代全球大气再分析资料（CRA-40），根据中高纬两个关键性纬度之间的标准化（1979—2022年）环纬圈平均海平面气压（SLP）的差值计算得到南北极涛动指数，其中北极涛动指数是 35°N 和 65°N 之间的差值，南极涛动指数来自 40°S 和 70°S 之间的差值。

统计显示，南极涛动指数在 1979—2022 年冬季、夏季和全年的趋势值分别是 0.01/a、0.04/a 和 0.02/a，夏季和全年趋势达到 0.05 的显著性水平。如图 1.7a 所示，南极涛动在冬季的变率略强，冬季南极涛动先是逐渐增强，2010 年达到最大值，此后有所减弱，相比之下，夏季南极涛动变率略小，但 2010 年后没有减弱，因而趋势反而更显著。2022 年南极涛动处于正位相，冬夏和年均都是正距平，并且夏季指数值（1.588）和年均指数值（2.003）都是 1979 年以来第二高位的正距平。

北极涛动指数在 1979—2022 年冬季、夏季和全年的趋势值分别为 0.03/a、

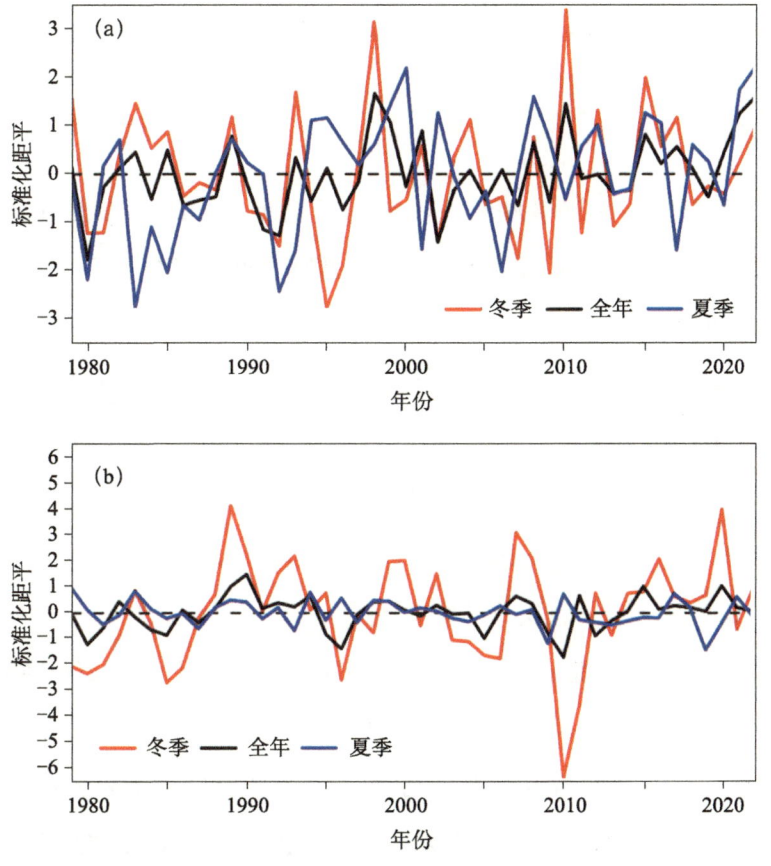

图 1.7 1979—2022 年的南极涛动指数 (a) 和北极涛动指数 (b)

−0.01/a 和 0.01/a，均未达到 0.05 的显著性水平。如图 1.7b 所示，北极涛动在冬季的变率明显更强，冬季北极涛动在过去 40 余年间表现出显著的年代际波动，先是增强，并在 1989 年达到正位相最大值，后逐渐减弱并在 2010 年达到负位相最大值，此后重新增强，全年和夏季也显现类似变化。2022 年北极涛动年均和夏季指数值在距平附近，而冬季指数则是弱正距平。

1.4　极端天气事件

极端天气事件是指一定地区在一定时间内出现的历史上罕见的气象事件。在全球气候加速变暖的背景下，南北两极整体呈现极端暖事件及与之相关的极端冰盖消融事件强发、频发，极端冷事件减少、减弱的趋势。

1.4.1　南　极

近年来，南极极端天气事件频发，屡创新纪录。2020 年 2 月 6 日南极半岛埃斯佩兰萨考察站观测到 18.3℃的极端高温，创整个南极有气象观测以来最高纪录。2022 年 3 月，南极发生有气象记录以来最强的暴发性增温事件，3 月 14 日起，东南极西部至中部地区快速升温，位于南极内陆的康科迪亚站区域升温最为剧烈，该站气温在 4 天内升高 49.0℃，于 3 月 18 日达到 −12.2℃。其他内陆站也观测到剧烈升温，如东方站地表气温在 4 天内升高 39.1℃，最高达 −20.3℃；昆仑站地表气温在 4 天内升高 35℃，最高达 −25.4℃；泰山站地表气温在 4 天内升高 15.9℃，最高达 −18.7℃（图 1.8）。此次暴发性增温事件实属罕见，康科迪亚站、东方站和昆仑站在 3 月 18 日平均地表气温相比其多年平均值（1981—2010 年）分别高出 44.5℃、39.0℃和 26.2℃，其增温幅度和地表气温异常均创南极有观测以来的最高纪录。2022 年南极爆发性增温与罗斯海地区阻塞高压异常活跃紧密相关，罗斯海阻塞高压的侵入引发南极内陆极端强风，扰动逆温结构，导致冰盖近地面能量快速交换；同时，阻塞高压输送的暖湿气流遇冷产生降水，释放大量潜热，加剧气温升高，造成此次爆发性增温事件。

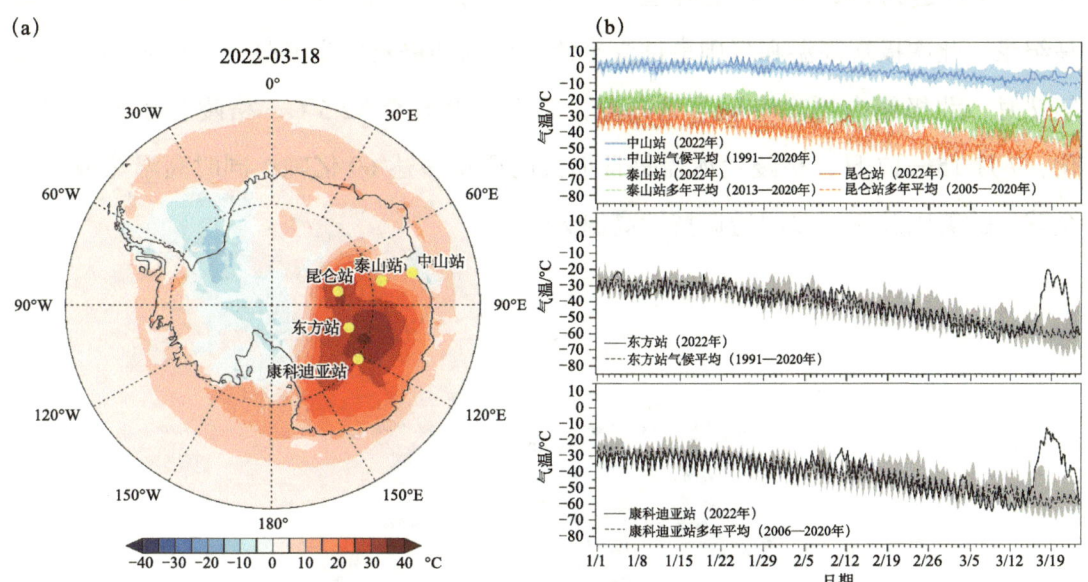

图1.8 （a）2022年3月18日南极地表气温分布（基于CRA-40再分析数据）及站点分布；
（b）2022年1月1日至3月23日南极昆仑站、泰山站、中山站、东方站和
康科迪亚站日均地表气温变化（阴影为日均地表气温最大、最小范围）

1.4.2 北 极

近年来，北极极端暖事件呈现出强发和频发态势，同时格陵兰冰盖发生数次极端消融事件。2012年夏季格陵兰岛的异常增暖导致96%的冰盖表面发生消融，格陵兰岛表面反照率创下历史最低纪录。2019年夏季格陵兰岛再次发生极端暖事件，大约90%的冰盖表面发生消融。2020年5—6月，西伯利亚地区出现创历史纪录的持续性极端高温，导致北半球乃至全球有气象记录以来最温暖的5月；同时，该区域异常高温增加了山火和冻土融化，对当地环境造成直接破坏。2021年8月14日，格陵兰岛冰盖中央最高点（Summit站）观测到有气象记录以来的首次降雨，同时Summit站气温在冰点以上持续了约9个小时，这是继2012年和2019年夏季之后，格陵兰中央区第三次出现超过0℃现象（图1.9）。这次伴随降雨过程的暖事件造成

格陵兰冰盖表面发生极端消融，自有卫星记录以来消融量第二次超过 800 万 km^2（8 月 14 日达到 872 万 km^2 的峰值），8 月下旬冰川河流流量创下 2006 年以来的最高纪录。此次极端高温和降雨事件受平流层极涡和格陵兰阻塞高压共同影响。2022 年 7 月，北极圈内再次出现罕见高温，温度一度升至 32.5℃，格陵兰冰盖加速融化，7 月 15—17 日，格陵兰冰盖每日损失的质量多达 60 亿吨；同时高温热浪席卷全球，欧美以及亚洲多国遭遇持续高温天气。

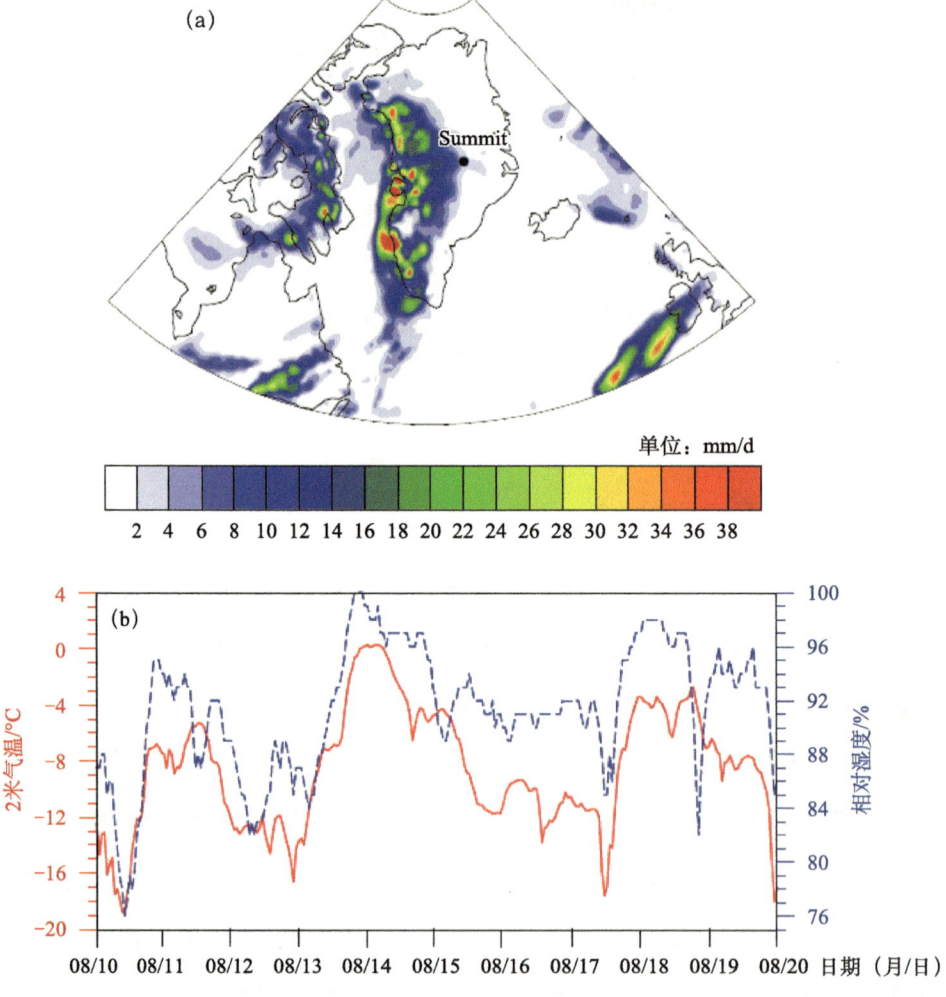

图 1.9　(a) 2021 年 8 月 14 日格陵兰及周边区域日降水量分布（基于 CRA-40 再分析数据）；
(b) 8 月 10—20 日 Summit 站温度和相对湿度的时间序列

第 2 章 海 冰

南北极海冰是全球气候系统的核心环节之一，海冰变化则是最受关注的气候变化现象之一。过去几十年北极海冰的快速消融是全球最显著的气候变化现象之一，与北极相反，过去几十年南极海冰多数时间在增长，但近几年海冰减少速度创下纪录，南极海冰的异常变化特征及其影响正在受到更多关注。

南极海冰范围年均 1165 万 km^2，月均海冰范围最小纪录 216 万 km^2（2022 年 2 月），最大纪录 1976 万 km^2（2014 年 9 月），两者相差 1760 万 km^2。北极海冰范围年均 1137 万 km^2，月均最小纪录 357 万 km^2（2012 年 9 月），最大记录 1634 万 km^2（1979 年 3 月），两者相差 1277 万 km^2。南北极年均海冰范围接近，但极值和波动区间有明显差异，这与北冰洋和南大洋的地理条件有关。

2.1 南 极

本节所用资料为美国国家雪冰数据中心（NSIDC）1979 年至 2022 年的海冰范围指数（海冰密集度大于 15% 的海冰覆盖范围），气候态定义为 1981—2010 年 30 年平均。南极海冰具有显著的季节变化和年际变化特征。由于南北半球季节相反，每年 4—9 月前后是南极海冰的结冰期，10 月至翌年 3 月为融冰期，全年最低点通常出现在 2 月底至 3 月初（图 2.1）。因为南大洋纬度低于北冰洋，且南大洋更为广阔，有利于海冰输送，因此南极海冰范围在融冰期的低点更低，结冰期的峰值更高，季节变化范围较北极海冰更大。

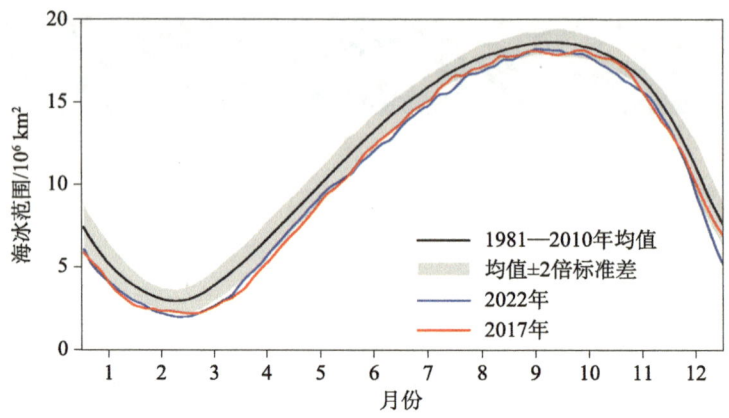

图 2.1　多年平均（1981—2010 年）的逐月南极海冰范围及其 2 倍标准差置信区间，以及 2017 年和 2022 年逐月南极海冰范围变化

从 20 世纪 70 年代末以来的变化看，南极海冰范围经历了长期缓慢增长后快速减少的演变过程，前期增长趋势显著但幅度较小并且时间较长，在 2014 年底达到峰值后快速减少。与此相对应，南极海冰范围的波动变率也在增大，2000—2014 年间南极海冰范围的增长速度几乎是 1979—1999 年间的 5 倍，2014 年见顶后南极海冰范围在 3 年内就快速减小到低于长期均值近 100 万 km² 的历史新低（图 2.2）。

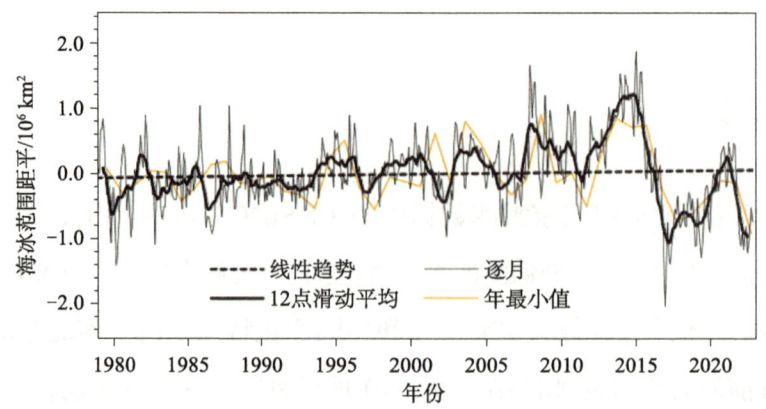

图 2.2　1979—2022 年南极海冰范围年最小值距平时间序列（橙色），逐月南极海冰范围距平时间序列（黑细线）及其 12 个月滑动平均（黑粗实线）和线性趋势（黑虚线）

南极海冰范围年最小值也经历了缓慢增长后快速减小的过程，在 2017 年和 2022 年分布创下新低值，分别是 2017 年 3 月 3 日（海冰范围 211 万 km^2）和 2022 年 2 月 25 日（海冰范围 192 万 km^2）。需要注意的是，图 2.2 的逐月距平最小值与年最小值可能并不重合，因为月距平是基于各月均值，而季节变化导致各月气候均值存在较大差异（图 2.1），如 2022 年 2 月海冰范围最小，但 2 月均值也小，所以该月距平并非最小值。两种极值也会有所联系，如距平最小值出现在 2016 年 12 月，意味着该月份海冰范围小于均值的程度创下纪录，表明该月融冰速度极大，这无疑有利于海冰范围在 2017 年 2 月创下第一次新低纪录。

我国风云三号极轨系列气象卫星微波成像仪（MWRI）积累的 2012 年以来的海冰监测资料也反映了南极海冰类似的季节变化和年际变化特征。

自 2012 年以来，2014 年为冬季和夏季海冰面积最大的年份（图 2.3 a），2017 年为冬季面积最小、夏季面积出现第 2 低值的年份，2022 年为冬季面积第 3 低值、夏季面积第 1 低值的年份，该结果与美国国家雪冰数据中心（NSIDC）、欧洲气象卫星－海洋与海冰卫星应用机构（EUMETSAT OSI SAF）分析结果一致。由图 2.3b 所示，2012 年至 2022 年间，2 月和 9 月的月平均海冰范围分别为 369 万 km^2 和 1894 万 km^2。2022 年 2 月和 9 月的月平均值较 2012—2021 同期平均值分别偏小 23.84% 和 2.96%。

从图 2.4 所给出的 2 月和 9 月南极月平均海冰密集度分布图可以看到，10 年来，南极 2 月海冰主体分布（图 2.4a）在西北部威德尔海近南极半岛一侧，东南部近南磁极、西部阿蒙森海至西南部罗斯海西北沿岸，海冰带较宽较多，这些是南极多年海冰主要分布区；东北部印度洋至东南部太平洋沿岸，分别有细长和时宽时窄的海冰带；东北部海湾近岸处几乎没有海冰，南部罗斯海近岸大片区域没有海冰，仅南部外海有漂流的浮冰。2022 年 2 月，融化后残留的海冰分布（图 2.4b）和 10 年平均态相近，但西北部威德尔海近南极半岛一侧的主体海冰向东、向北有移动，西部阿蒙森海沿岸的海冰向北部别林斯高晋海延伸，南部太平洋近南磁极的海冰融化明显，尤其是近岸海冰，融化中的海冰向西漂移，而南极东侧沿岸海冰分

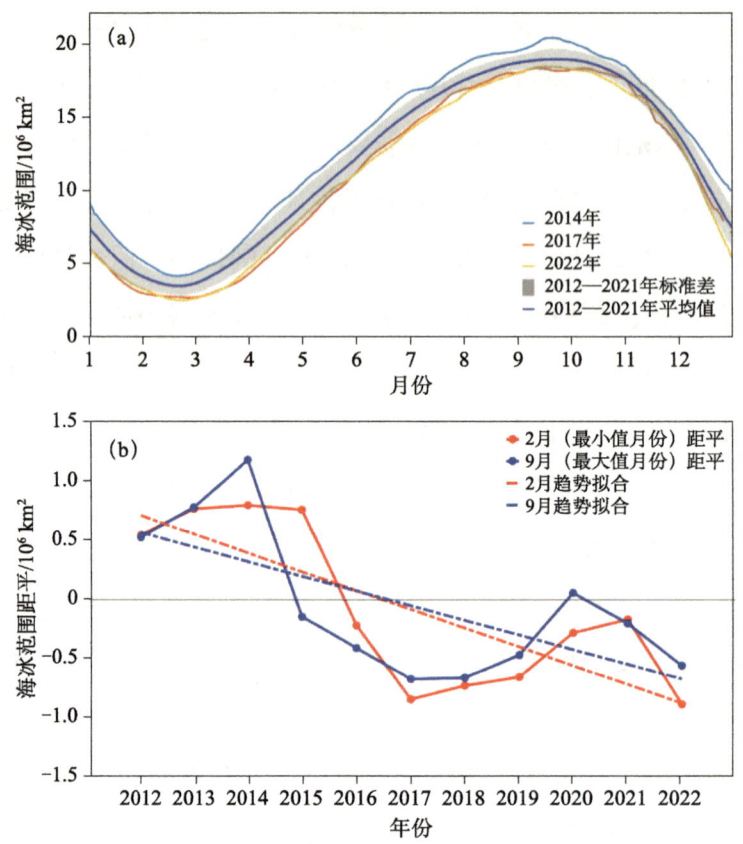

图 2.3 我国风云系列气象卫星监测的南极海冰范围变化

(a) 典型年份（2014 年、2017 年、2022 年）与多年平均（2012—2021 年）海冰范围变化序列图。其中，灰色区域为 2012—2021 年海冰范围的标准偏差，灰线表示 2012—2021 年海冰范围的平均值；

(b) 2012—2022 年南极海冰范围 2 月和 9 月较多年平均（2012—2021 年）的距平值

布变化不大，罗斯海海域海冰更少，外海的浮冰更少，且更加偏西偏南。2022 年 2 月，南极海冰减少区域大于增加区域，密集度减少值大于增加值（图 2.4c）。其中，南极海冰密集度在西部阿蒙森海向北至别林斯高晋海沿岸、威德尔海冰架东北角近海、南磁极西侧近海、罗斯海西南外海以及东部沿岸有明显增加，增加幅度在 20%～60%；海冰密集度减小区域以威德尔海冰架西北部最为明显，减小了 25%～75%；罗斯海西部及玛丽伯德地沿岸、南磁极海岸往东北威尔克斯地东南沿岸、北部毛德皇后地沿岸，海冰密集度减少了 20%～50%。

第 2 章 海 冰

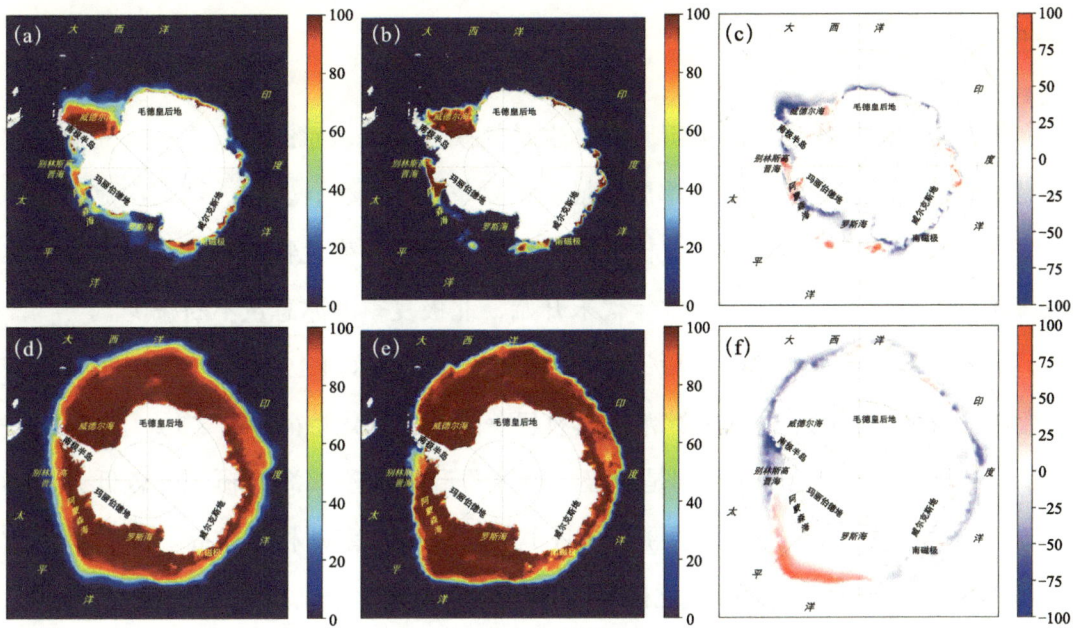

图 2.4 我国风云系列气象卫星监测的南极月平均海冰密集度（%）
(a) 2012—2021 年平均的 2 月海冰密集度；(b) 2022 年 2 月海冰密集度；(c) 2022 年 2 月海冰
密集度距平；(d) 2012—2021 年平均的 9 月海冰密集度；(e) 2022 年 9 月海冰密集度；
(f) 2022 年 9 月海冰密集度距平

10 年来，南极 9 月的海冰（图 2.4d）基本包裹着南极大陆，仅西部南极半岛西北端没有被密实的海冰遮挡，海冰密集度为 40% 左右；威德尔海至南极北部外海，罗斯海及西南外海均覆盖着纬向达 1000 km 以上的宽海冰带；南极东南部的海冰带宽度在 300～700 km。2022 年 9 月（图 2.4e），西部南极半岛西北沿岸及外海已无海冰覆盖，南极西部海冰外沿、南极东南部海冰带外缘和南极东部的部分海冰区域，密集度同样减少明显；罗斯海的海冰向西南发展较为明显，海冰更为密实。2022 年 9 月，南极海冰减少区域大于增加区域，密集度增减极值均在 75% 左右（图 2.4f）。其中，南极西南部罗斯海海冰外侧，海冰密集度大范围增加，增加的极值达 75%；别林斯高晋海和威德尔海西部，南极东部海冰外侧，海冰密集度减少了 25%～75%；南极的北侧和东南侧海冰，密集度变化不大。

2.2 北　极

北极是影响气候变化的关键区域，也是气候变化最敏感的因素之一。北极海冰具有显著的季节变化特征，冬季海冰最多，夏季海冰最少；其中，鄂霍次克海和白令海在夏季均处于无冰状态。北极海冰的年代际和年际变化特征也非常显著。就北极海冰整体而言，自20世纪70年代末开始，北极夏季海冰总量不断减少。

本小节所用资料为美国国家雪冰数据中心（NSIDC）1979—2022年的海冰密集度和海冰范围指数。北极海冰范围具有显著的季节变化特征（图2.5）。夏季（6—8月）和秋季（9—11月）分别是北极的融冰季和结冰季，海冰覆盖率较低；而春季（3—5月）和冬季（12月至翌年1月）的海冰覆盖率则相对较高。夏秋季海冰年际变率较冬春季大。2022年北极海冰总体偏少，夏秋季比2007年海冰范围略大，冬春季与2007年海冰范围相当。

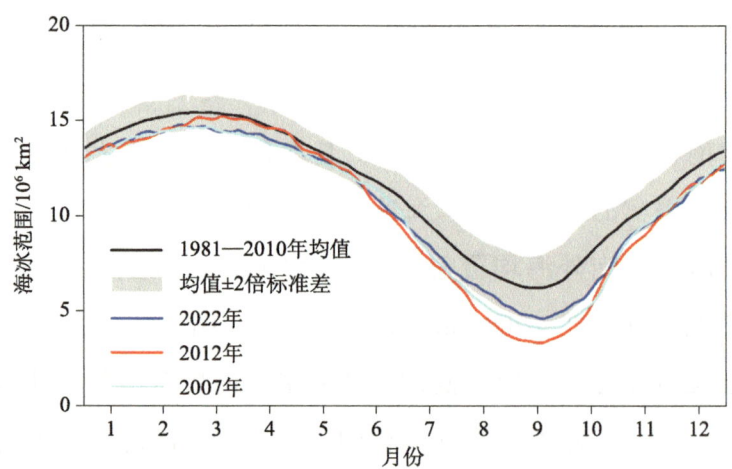

图2.5　气候态与典型年份（2007年、2012年、2022年）北极海冰范围的季节变化

由逐月北极海冰范围距平时间序列可见（图2.6），自20世纪70年代末开始，北极海冰变化的主要特征表现为持续几个月时间的海冰损失，然后紧跟几个月的海冰增长，但这种增长并未使海冰恢复到之前水平，从而导致北极海冰范围整体呈减小趋势。2000年之后这种减少趋势更加显著。

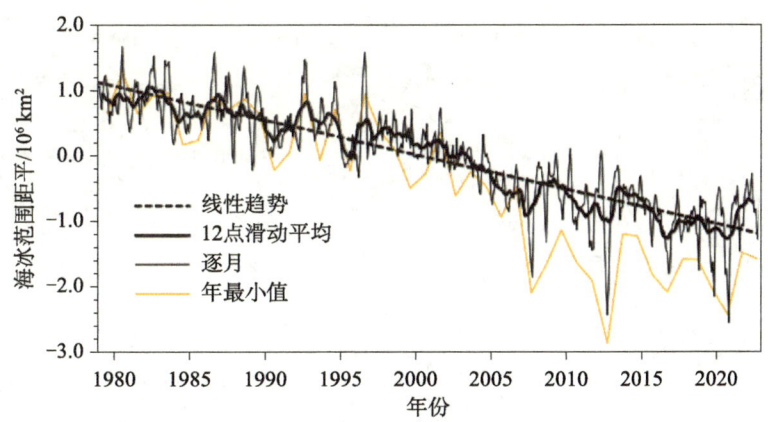

图 2.6　1979—2022 年北极海冰范围年最小值异常时间序列（橙色）、逐月海冰范围异常时间序列（黑细线）、12 个月滑动平均（黑粗实线）及其线性趋势（黑虚线）

此外，北极海冰密集度和北极海冰外缘线在不同季节有着较大的区域性差异，海冰最多的月份在 1—3 月，最少在 8—10 月。相对气候态，2022 年夏季北极海冰密集度减少主要发生在常年被冰覆盖的波弗特海、楚科奇海、东西伯利亚海、拉普捷夫海和喀拉海；冬季的海冰密集度减少则主要发生在更南边的巴伦支海、鄂霍次克海、格陵兰海和巴芬湾（图 2.7）。

2.3　海冰的极端变化事件

2.3.1　南　极

2022 年 2 月 25 日，南极海冰范围创历史最低纪录，为 192 万 km^2，与之前的最低纪录 2017 年 3 月 3 日的 211 万 km^2 相比，减小了 19 万 km^2。如图 2.1 所示，南极海冰范围在 2022 年 2 月的减小速度要快于 2017 年 2 月，而 2022 年海冰范围创下新低的时间也更早，较 2017 年提前了 7 天。此外，2017 年海冰范围最高点出现在 9 月底，2022 年海冰范围最大值出现在 8 月底，2022 年海冰范围见顶时间更早。值得注意的还有 2022 年 12 月的海冰消融速度明显快于 2017 年 12 月，并且相对气候态的偏离程度很大，表明南极海冰消融可能还在加速。

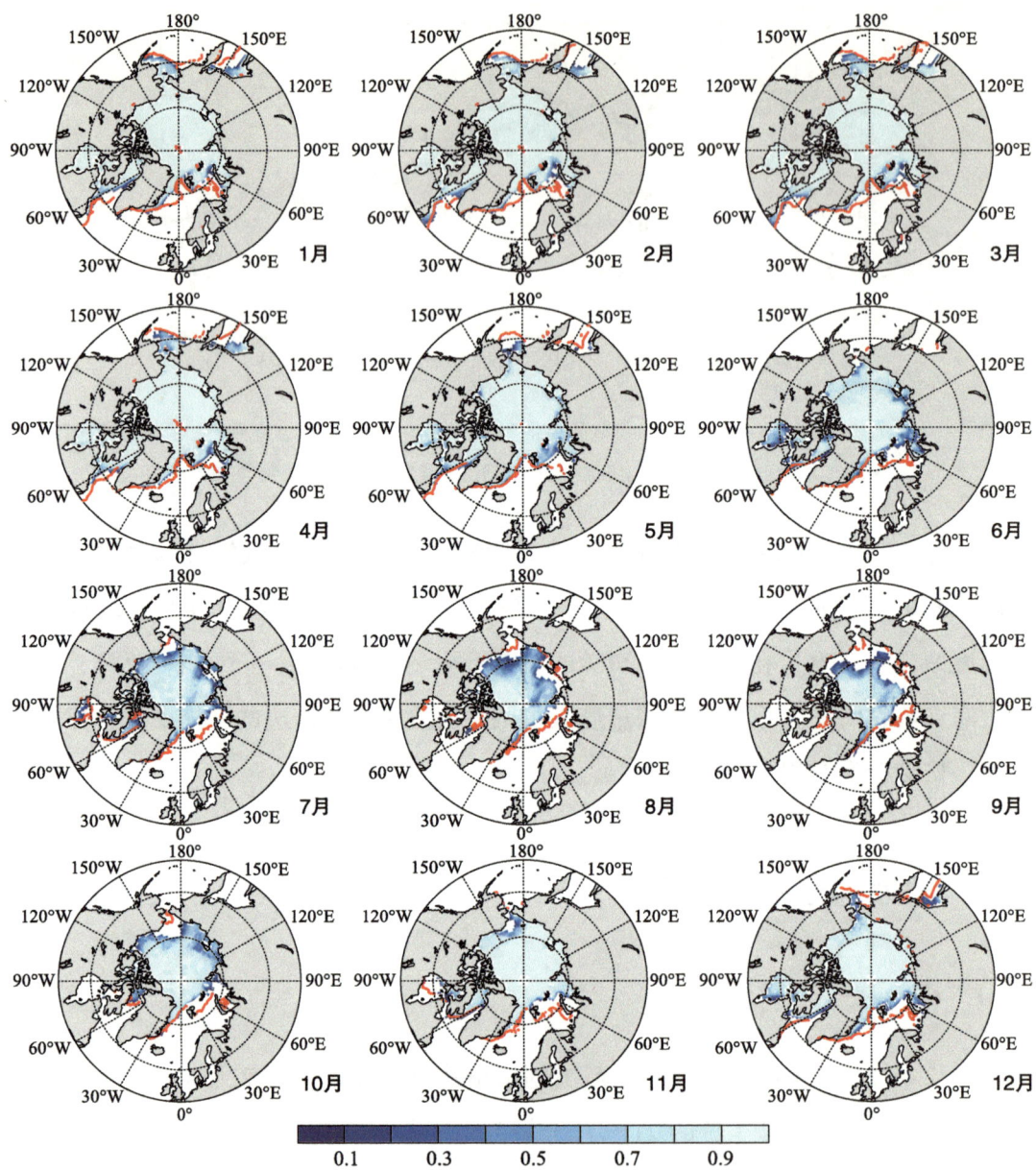

图 2.7 1981—2010 年气候平均的北极海冰范围（红色实线）以及
2022 年海冰密集度的逐月分布（阴影，%）

此次出现的南极海冰范围极小事件，主要原因有以下几点，分别是海冰开始融化的时间偏早，融冰季节时间相应增加，从而增大了海冰范围创下新低的概率；另外，全球海洋在 2021 年达到创纪录的高温，南大洋次表层海温偏高，有利于冰层变薄，从而更易于海冰破裂和融化；同期南极大陆近地面气压偏低，阿蒙森海低压在 2022 年大部分时间都持续偏强，低压东侧的北风暖平流有利于海冰融化并限制海冰膨胀，西侧的南风则有利于海冰扩散，进而将海冰推向温暖的南大洋加速融化。

2.3.2 北 极

北极海冰范围在 2012 年 9 月 17 日达到了自 1979 年以来的历史极小值（338.7 万 km^2），2022 年夏季北极海冰范围仍持续呈现低值状态，2022 年 9 月 18 日北极海冰范围为 467.4 万 km^2，位居第 12 极小值（图 2.5 和图 2.6）。大量研究探讨了海冰极小事件产生的可能原因，指出 2012 年 9 月的海冰极小事件，不仅归因于全球变暖背景下的极其脆弱的薄海冰，还与 8 月活动在极地边缘冰附近的强风暴气旋有着密切关系；2007 年 9 月的海冰极小事件主要与海冰变薄以及夏季北冰洋上空反气旋环流异常导致的大气温度增加、相对湿度降低、云量减少、向下短波辐射增加有关。此外，海冰极小事件当年控制春季海冰增长和衰减的大气状态也是导致后期夏秋季海冰范围出现极小值的重要因子。

第3章 大气成分

3.1 主要温室气体

温室气体指大气中自然或人为产生的气体成分，能够吸收并释放地表、大气和云发出的长波辐射，该特性可导致温室效应。地球大气中的主要温室气体包括《京都议定书》规定的二氧化碳（CO_2）、甲烷（CH_4）、氧化亚氮（N_2O）以及六氟化硫（SF_6）、氢氟碳化物（HFC）、全氟化碳（PFC）等气体。本节采用世界温室气体数据中心（WDCGG）的极地站点和我国中山站监测数据进行分析，其中南极地区共11个站，北极地区共15个站（图3.1），时间范围是1984—2021年（目前上述温室气体浓度仅公布到2021年）。本节主要分析四种主要温室气体（二氧化碳、甲烷、氧化亚氮、六氟化硫）的变化。

3.1.1 二氧化碳和甲烷

（1）南极

从1984年到2021年，南极大气中的二氧化碳浓度呈逐年稳定上升的趋势，增长率为1.82 ppm/a，总体与全球趋势一致，平均浓度比全球平均值低2.45 ppm（图3.2a）。在2021年，南极大气中的二氧化碳年平均浓度达到了412.01 ppm，相比2020年，平均浓度上升了2.08 ppm，其中中山站大气中二氧化碳2021年平均浓度为411.6 ppm，较2020年上升2.22 ppm。

第3章 大气成分

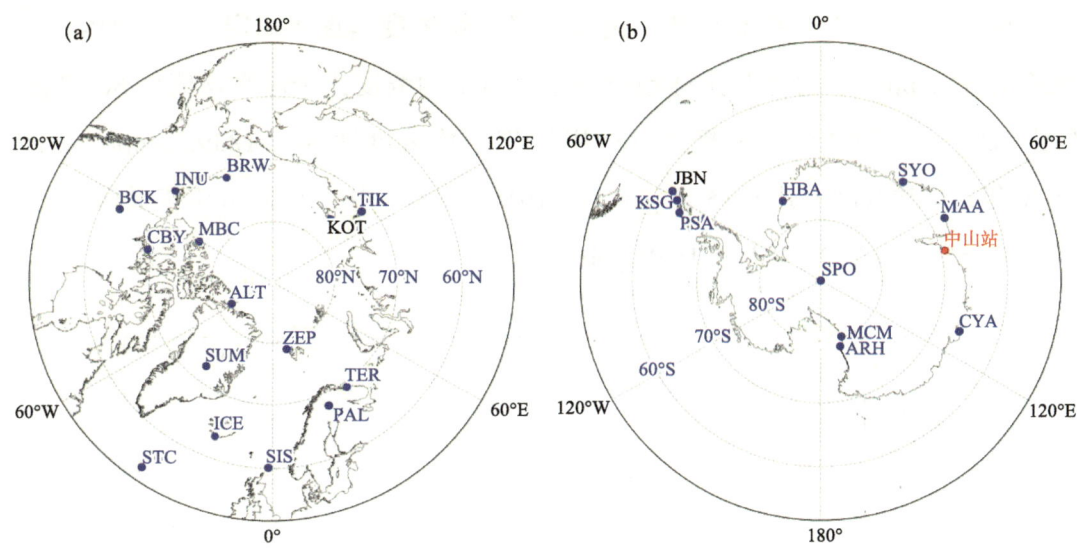

图 3.1 极地主要大气成分观测站位置

（数据引自 The World Data Centre for Greenhouse Gases (WDCGG)）

（a）北极：科普特尼岛站（俄罗斯，KOT）、提克西站（俄罗斯，TIK）、阿勒特站（加拿大，ALT）、莫尔德湾站（加拿大，MBC）、巴罗站（美国，BRW）、贝奇科站（加拿大，BCK）、剑桥湾站（加拿大，CBY）、伊努维克站（加拿大，INU）、齐柏林山站（挪威，ZEP）、顶峰站（丹麦，SUM）、捷里别尔卡站（俄罗斯，TER）、帕拉斯站（芬兰，PAL）、斯托尔霍夫迪站（冰岛，ICE）、勒威克站（英国，SIS）、查理号海洋站（美国，STC）；

（b）南极：世宗大王站（韩国，KSG）、尤巴尼站（阿根廷，JBN）、帕默尔站（美国，PSA）、凯西站（澳大利亚，CYA）、莫森站（澳大利亚，MAA）、昭和站（日本，SYO）、哈雷站（英国，HBA）、到达高地站（新西兰，ARH）、麦克默多站（美国，MCM）、南极点站（美国，SPO）、中山站（中国，ZOS）[①]

---

① 注：南极11站中全部监测二氧化碳和甲烷，其中只有ARH、CYA、HBA、MAA、PSA、SPO和SYO 7个站进行氧化亚氮监测，仅有HBA、PSA、SPO和SYO 4个站进行六氟化硫监测。北极15个站点全部监测二氧化碳和甲烷，其中有8个站（ALT、ICE、BRW、ZEP、SUM、TIK、PAL和SIS）开展氧化亚氮观测，有7个站点（ALT、BRW、ICE、PAL、SUM、TIK和ZEP）进行六氟化硫监测。

同样，从 1984 年到 2021 年，南极大气甲烷浓度呈逐年稳定上升的趋势，增长率为 6.87 ppb/a，总体与全球趋势一致，但平均浓度比全球平均值低 60.97 ppb（图 3.2b）。在 2021 年，南极大气中甲烷年平均浓度达到了 1839.28 ppb，相比 2020 年，平均浓度上升了 15.18 ppb，其中中山站大气中的甲烷 2021 年平均浓度为 1838.63 ppb，较 2020 年上升 16.01 ppb。

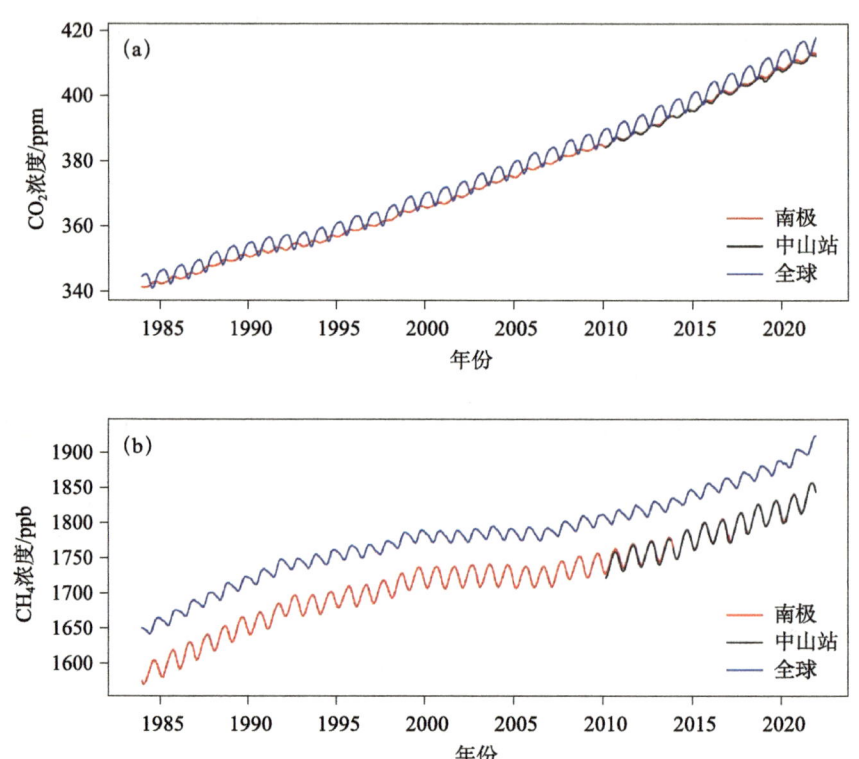

图 3.2　1984—2021 年南极与全球二氧化碳浓度变化（a）和甲烷浓度变化（b）
（其中红线为南极平均，黑线为中山站，蓝线为全球平均）

（2）北极

从 1984 年到 2021 年，北极大气中二氧化碳浓度呈逐年稳定上升的趋势（图 3.3a），增长率为 1.79 ppm/a，总体与全球趋势一致，但年平均浓度略高于全球平均值 1.77 ppm。2021 年，北极大气中二氧化碳年平均浓度达到了 417.78 ppm，相比 2020 年，平均浓度上升了 2.54 ppm。

同样，从 1984 年到 2021 年，北极大气中甲烷浓度呈逐年稳定上升的趋势（图 3.3b），增长率为 6.71 ppb/a，总体与全球趋势一致，但年平均浓度高于全球平均值 78.29 ppb。2021 年，北极大气中甲烷年平均浓度达到了 1988.36 ppb，相比 2020 年，平均浓度上升了 14.92 ppb。

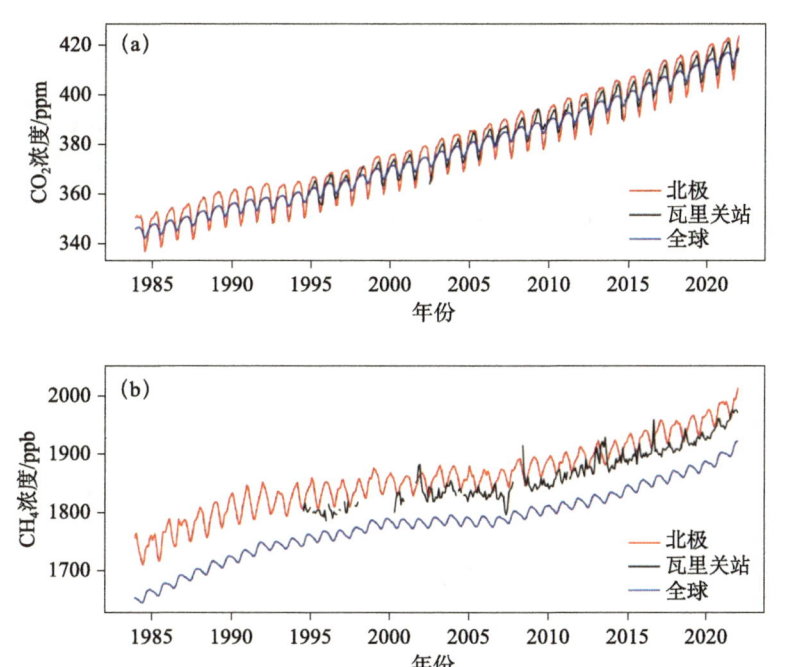

图 3.3　1984—2021 年北极与全球二氧化碳浓度变化（a）和甲烷浓度变化（b）
（其中红线为北极月平均，黑线为中国瓦里关站月平均，蓝线为全球月平均）

3.1.2　氧化亚氮和六氟化硫

（1）南极

目前南极开展氧化亚氮观测的 7 个站年平均氧化亚氮浓度由 1997 年的 312.05 ppb 升高至 2021 年的 333.27 ppb，年增长率为 0.40 ppb/a 至 1.54 ppb/a 不等，平均增长率约为 0.88 ppb/a（图 3.4a）。2021 年南极地区氧化亚氮年平均浓度较 2020 年上升 1.51 ppb。我国中山站自 2008 年开始氧化亚氮观测，总体趋势与南极平均状况一致，但年际和多年平均升高幅度均略大于南极平均状况，2008—2021 年平均浓度由 320.40 ppb 升高至 333.31 ppb，每年升高约 0.99 ppb。2021 年中山站氧化亚氮年平均浓度为 333.31 ppb，较 2020 年平均浓度上升 1.42 ppb。

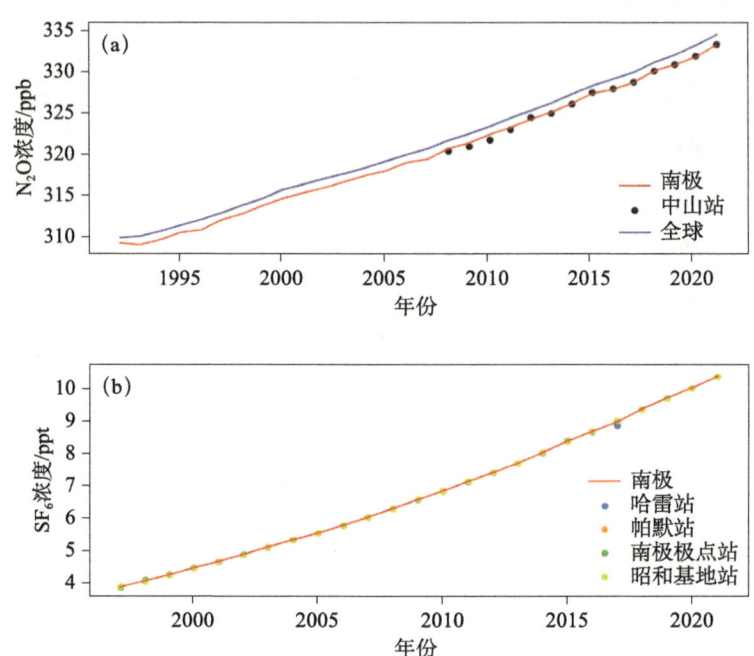

图 3.4　南极氧化亚氮（1992—2021 年）（a）和六氟化硫（1997—2021 年）（b）平均浓度（中蓝线为全球平均，黑点为中山站，红线为南极平均；浓度基于月均值计算）

1997—2021 年，南极进行大气中六氟化硫浓度观测的 4 个站点年平均浓度全部呈显著上升趋势（图 3.4b），年平均浓度由 1997 年的 3.83 ppt 升高至 2021 年的 10.40 ppt，增长了近 2.7 倍，年增长率也呈逐年放大趋势，由 0.19 ppt/a 增大到 0.36 ppt/a，平均增长率约 0.27 ppt/a。2021 年南极 4 站六氟化硫年平均浓度为 10.40 ppt，较 2020 年平均浓度上升 0.36 ppt，达到历年最大升高幅度。

（2）北极

目前北极地区有 8 个全球大气本底站开展氧化亚氮观测，这 8 个站的平均氧化亚氮浓度由 1993 年的 313.31 ppb 升高至 2021 年的 334.75 ppb，年增长率为

0.43 ppb/a 至 1.40 ppb/a 不等，平均增长率约 0.87 ppb/a（图 3.5a）。2021 年北极氧化亚氮年平均浓度为 334.75 ppb，较 2020 年平均浓度上升 1.08 ppb。

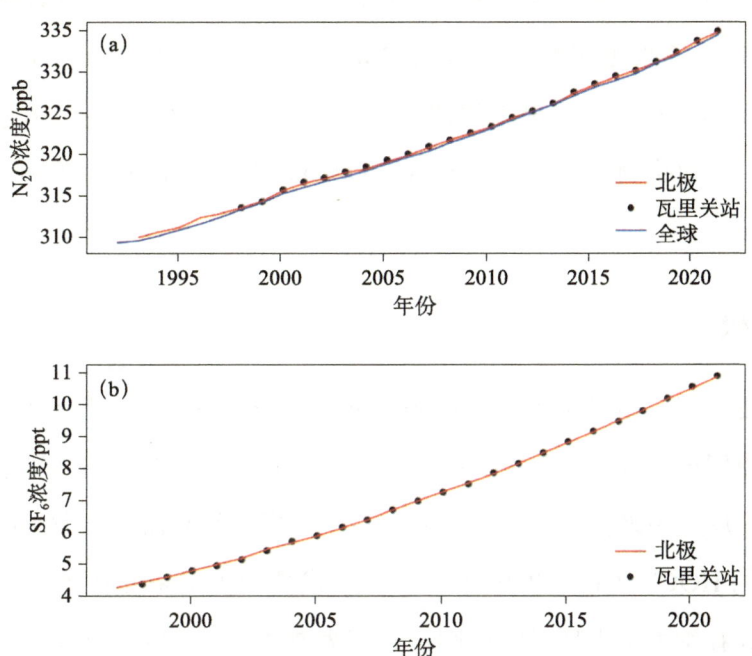

图 3.5　北极地区氧化亚氮（1992—2021 年）(a) 和六氟化硫（1997—2021 年）(b) 平均浓度（中红线为北极平均，蓝线为全球平均，黑点为我国瓦里关站年平均数据）

北极地区进行六氟化硫观测的 7 个站点的平均浓度由 1997 年的 4.22 ppt 升高至 2021 年的 10.86 ppt，增长了近 2.6 倍。年际升高幅度也呈逐年增大的趋势，由 0.15 ppt/a 增大到 0.38 ppt/a 不等，平均增长率约 0.28 ppt/a（图 3.5b）。2021 年北极六氟化硫年平均浓度为 10.86 ppt，较 2020 年平均浓度上升 0.38 ppt，是历年升幅最大的一年。

3.2　臭氧总量

卫星观测大气臭氧总量始于 20 世纪 70 年代，本节采用多种不同时期的卫星资料对极地臭氧变化进行了分析。其中，1979—1992 年的数据来自美国云雨 -7 号卫星上的绘制全球臭氧总量光谱仪（Total Ozone Mapping Spectrometer, TOMS）探测器，1993—1994年和1996年至2004年10月的数据均分别来自流星-3号和地球探测卫星上的TOMS探测器，从2004年11月到2016年6月的数据来自极光号卫星上的臭氧总量监测探测器（Ozone Monitor Instrumt, OMI），2016年7月以来的数据来自美国-索米国家极地轨道伙伴卫星（National Polar-orbiting Partnership, Suomi NPP）上的绘制臭氧总量和廓线（Ozone Mapper Profiler Suite, OMPS）探测器。

3.2.1 南 极

南极极夜期间，南极平流层形成极地涡旋（Polar Vortex，简称极涡），极涡内部的极地平流层云（Polar Stratospheric Clouds）的云滴上在低温环境下发生了非均相化学反应，反应中来自人为排放并驻存在平流层中氟利昂、哈龙中的氯和溴分别以极易光解的HOCl、Cl_2、HOBr和Br_2等形式被产生出来并在无光照的环境下储存起来，等到春季太阳出现时它们则被光解为游离态的Cl或Br原子，快速参与了损耗臭氧层的过程，造成大范围的南极平流层臭氧损耗，从而出现了臭氧总量值低于220 DU (Dobson Unit，多布森单位)的"臭氧洞"现象。卫星臭氧总量数据显示（图3.6a），南极上空臭氧总量在2022年9月初开始出现明显下降。2022年10月4日，南极上空观测到平均臭氧柱总量达到178 DU。随着南半球夏季到来，平流层极涡破碎，导致损耗臭氧的化学反应停滞，同时也使得较高臭氧浓度的中纬度大气输送到南极，南极大气臭氧开始缓慢恢复，直到11月下旬出现较大回升。2022年南极平均臭氧总量在2022年9月底到12月初相较于历史水平异常偏低，这一特点与2021年类似。

2022年南极臭氧洞的面积比2021年略小，总体上延续了近年来的整体缩减趋势。2022年9月7日至10月13日期间，南极臭氧洞平均面积达到2.32×10^7 km^2，略小于去年的2.33×10^7 km^2，并且远低于2006年臭氧洞面积峰值年的年平均水平。臭氧洞面积于10月5日达到单日最大（图3.6b），接近2.5×10^7 km^2。尽管南极臭

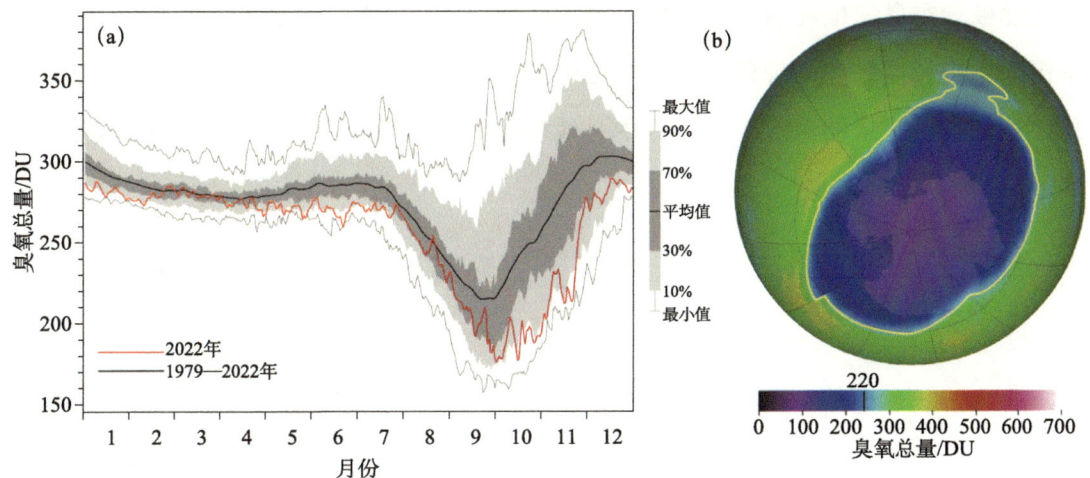

图 3.6 （a）南极（南纬 63°S 以南）臭氧总量年内变化（红色为 2022 年，黑色为 1979—2022 年气候态平均，数据缺失部分为仪器缺测）；
（b）2022 年南极臭氧洞单日最大面积（深蓝色和紫色表示臭氧洞区域）[①]

氧层有恢复的迹象，但 2022 年臭氧洞结束时间比过去 40 年中的大多数时间都要晚，它仍然是 1979 年以来第 12 大的臭氧洞。随后，臭氧洞范围在 10 月和 11 月的大部分时间内缓慢缩小，直到 11 月下旬快速缩小。

有研究指出，臭氧损耗通过辐射反馈减缓了平流层春季变暖的速度，并因此延长了臭氧洞存在时间。需要注意的是，2022 年 1 月 15 日汤加火山的大规模爆发可能对南极臭氧洞产生影响，然而观测数据并没有发现此次火山喷发出现类似于 1991 年菲律宾皮纳图博火山爆发对全球平流层气溶胶产生的巨大扰动，因此还需要进一步研究，以探讨两者之间的关系。

3.2.2 北 极

与南半球一样，北半球冬季平流层的极涡也使得其内部温度足够低到形成极地平流层云。然而由于地理环境的差异，极涡在北极地区不如在南极大陆稳定，因

---

① 数据来源于 Suomi NPP 卫星上的 OMPS 仪器。为计算臭氧洞面积，极夜和仪器故障导致的缺失数据使用 GEOS DAS（美国宇航局戈达德地球观测系统－数据同化系统）同化数据填补。

此，北极春季臭氧损耗的强度和面积均比南极要小。近年来，北极地区也出现冬春季极地涡旋长期驻存的现象，导致了 2011 年和 2020 年春季北极大部分地区臭氧柱总量达到了创纪录的低值，北极极中心地理位置上臭氧总量值已达到"臭氧洞"的阈值（图 3.7）。

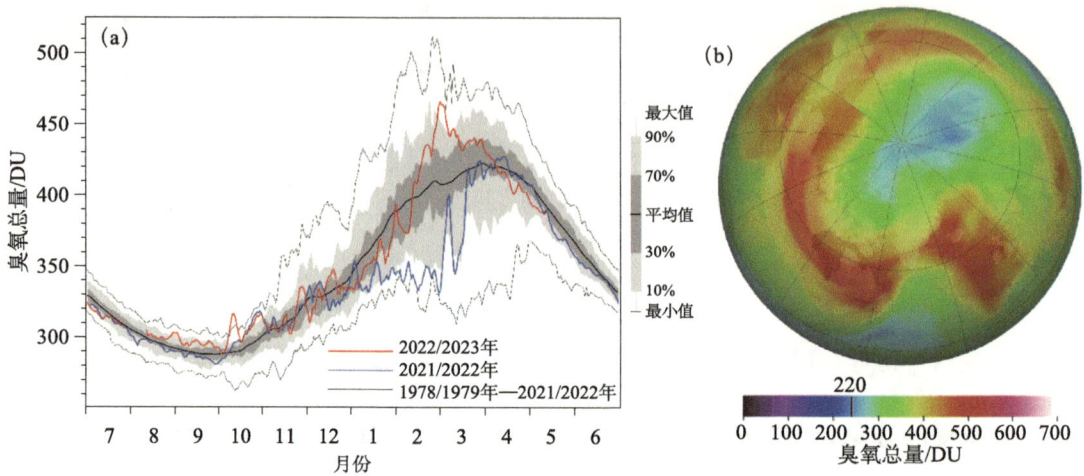

图 3.7 （a）北极（63°N 以北）臭氧总量年内变化（红色为 2022 年下半年到 2023 年上半年，蓝色为 2021 年下半年到 2022 年上半年，黑色为 1978-2021 年气候态平均）；（b）2022 年北极臭氧损耗空间分布（大致为蓝色区域，数据来源同图 3.6）

北极上空平流层臭氧含量通常在冬末和早春（12 月至翌年 3 月）显著减少，然而这些减少量通常为气候平均值的 20%～25%，远小于目前每年春季在南极上空观测到的减少量。图 3.7a 显示，在 2022 年 12 月底到 2023 年 3 月，北极平均臭氧总量相较于历史水平异常偏高，这与 2021—2022 年的情况相反。在 2021—2022 年冬季，北极上空的极涡较强，并阻止了携带高浓度臭氧的气团向北极平流层补充。此外，平流层持久低温形成了较多的极地平流层云，最终导致了极涡控制区内臭氧的损耗增加（如图 3.7b 所示）。然而，其程度远不及 2011 年和 2020 年春季观测到的臭氧损耗严重。

主要数据来源

1. 国家极地科学数据中心. https://datacenter.chinare.org.cn/data-center/dindex.

2. 中国第一代全球大气再分析产品（CMA-CR）. http://idata.cma/idata/web/fact/toTechReport2.

3. 全球历史气候学网络（GHCN-D）逐日气象资料. https://www.ncdc.noaa.gov/cdo-web/datasets.

4. 全球地面逐日气象资料（GSOD）逐日气象资料. https://registry.opendata.aws/noaa-gsod.

5. 英国南极调查局南极环境研究参考数据集. https://www.bas.ac.uk/project/reader/#data.

6. 美国气候预测中心（CPC）的北极涛动指数和南极涛动指数. https://www.cpc.ncep.noaa.gov/products/precip/CWlink/daily_ao_index/ao.shtml.

7. 美国国家雪冰数据中心（NSIDC）海冰指数数据. https://nsidc.org/data/nsidc-0051/versions/2, https://nsidc.org/data/g02135/versions/3.

8. 中国风云三号极轨系列气象卫星微波成像仪（MWRI）数据集. http://data.nsmc.org.cn/portalsite/default.aspx.

9. 欧洲气象卫星–海洋与海冰卫星应用数据集. https://osi-saf.eumetsat.int/products/sea-ice-products.

10. 世界温室气体数据中心（WDCGG）数据. https://gaw.kishou.go.jp/publications/global_mean_mole_fractions#content1.

11. 美国航空航天局臭氧观测数据. https://ozonewatch.gsfc.nasa.gov/.